Jim Hamm

HOLZBOGEN BAUEN!

Was ich vorher gerne gewusst hätte...

VERLAG ANGELIKA HÖRNIG

Jim Hamm

HOLZBOGEN BAUEN!

Was ich vorher gerne gewusst hätte...

Fotos im Inhalt: Donna Hamm
Übersetzung: Haiko Hörnig
Coverfoto: Matthias Wiltschko
Umschlaggestaltung: Angelika Alles-Hörnig
Satz: Susanne Haupt

16. Auflage 2026

ISBN 978-3-938921-59-3

Verlag Angelika Hörnig
Siebenpfeifferstr. 16
67071 Ludwigshafen
office@bogenschiessen.de
www.bogenschiessen.de

Widmung

Für ***Tim Baker,*** für seinen unvergleichlichen Beitrag zum Schießen mit Naturbogen.
Für ***Paul Comstock***, dem Trommler der Weißholzbogen-Revolution.
Für den verstorbenen ***Jay Massey***, der anfangs alleine gegen den Strom schwamm.
Alle, die heute Bogen bauen, treten in ihre Fußstapfen.

Danksagung

Reed Hamm gab den Anstoß zu diesem Buch mit einem klugen Einwurf.
Lee und Reed Hamm halfen sowohl bei redaktionellen als auch bei handwerklichen Problemen. Donna Hamm stand mir nicht nur bei Grammatik- und Rechtschreibfragen zur Seite, sondern, noch viel wichtiger, schon seit 43 Jahren auch in allen anderen Lebenslagen. Mary Hamm und Jonathan Williams gaben mir hilfreiches Feedback.
Tim Baker hatte stets kluge Ideen. Alle Fotos wurden von Donna Hamm geschossen.

Vorwort

Wenn du einen Holzbogen baust und schießt, dann trittst du einer Bruderschaft von Bogenbauern bei, die bis zu deinem 500. Großvater reicht. Man muss das so sehen: Wenn Holzbogen nicht so effektiv gewesen wären, wärst du heute nicht hier. Keiner von uns wäre das.
Ein Holzbogen ist sowas wie eine Zeitmaschine. Geduld und Stolz sind heute ebenso Teil des Handwerks, wie sie es vor 15.000 Jahren waren. Hat man einen Bogen erst mal mit Geschick und Intuition von seinem Baumgefängnis befreit, wird er fast zu einem echten Lebewesen, zu einer Erweiterung seines Schützen.

Nach über 40 Jahren Bogenbauen habe ich den Prozess perfektioniert. Ich habe außerdem so ziemlich jeden erdenklichen Fehler dabei gemacht, plus ein paar, die ganz und gar nicht erdenklich waren. Als ich damals anfing, gab es so gut wie keine Bücher oder Lehrer zu diesem Thema. Ich lernte also hauptsächlich durch ausprobieren, und dabei probierte ich auch allerhand Falsches aus. Alle meine Erfahrung schrieb ich nieder. Vor allem die vier ***Bibeln des Traditionellen Bogenbaus***, die ich mitschrieb, redigierte und veröffentlichte, gehörten zu meinen persönlichen und beruflichen Highlights.
Ich dachte, ich hätte alles zu diesem Thema gesagt, was ich zu sagen hatte. Aber vor kurzem meinte einer meiner Söhne, ich könnte doch über all die Dinge schreiben, die ich gerne gewusst hätte, als ich anfing Bogen zu bauen. Sein Vorschlag führte zu diesem Buch. Man beachte die fettgedruckte Überschrift:

Was ich vorher gerne gewusst hätte...

... die überall im Buch zu finden ist.

Holzbogen bauen ist ein ziemlich weitreichendes Thema, wenn man bedenkt, dass Holzbogen schon seit über 15.000 Jahren von tausenden von Kulturen gebaut wurden und werden. Es gibt kurze, lange, flache oder gebogene Wurfarme aus einer Vielzahl von Hölzern, mit Sehne und Horn beklebt, für den Krieg, für das Schießen im Wald oder zu Pferde, für die Arktis, zur Jagd, zum Spaß oder zum Wettstreit.
Ein ziemlich weites Feld also, über das ja auch schon 500.000 Wörter in den ***Bibeln des Traditionellen Bogenbaus*** geschrieben wurden. Aber wenn du noch am Anfang deiner Reise stehst und die ersten Schritte gehst, musst du das nicht alles wissen. Noch nicht. Alles, was du jetzt wissen musst, ist wie man einen qualitativ hochwertigen Holzbogen baut. Also lass uns loslegen.

Inhalt

Wichtige Begriffe

Rücken	Die Seite des Bogens, die dem Ziel zugewandt ist.
Bauch	Die Seite des Bogens, die dem Schützen zugewandt ist.
Standhöhe	Bei gespanntem Bogen, die Distanz zwischen Bauch und Sehne. Kann mit der Sehnenlänge variiert werden.
Auszugslänge	Die Distanz (in Zoll) zwischen Sehne und Bogenvorderkante, wenn der Schütze den Bogen voll ausgezogen hat.
Zuggewicht	Die Kraft (in pound), die notwendig ist, um den Bogen auszuziehen.
Fadeouts / Fades	Bei einem Flatbow der Übergang vom breitesten Teil des Bogens in den schmaleren Griff.
Voller Auszug	Wenn der Schütze seinen Pfeil die ganze Auszugslänge weit zieht und der Bogen sein maximales Zuggewicht erreicht.
Masse	Das physische Gewicht des Bogens. (Mir ist klar, dass Masse und Gewicht nicht dasselbe ist, aber im Bogenbau benutzen wir es, als deutliche Unterscheidung zum Zuggewicht.
Nocke	Kerben, die ins Wurfarmende geschnitzt werden, um die Sehne zu halten. Außerdem eine Kerbe am Pfeilende, in die man die Sehne hakt.
Stringfollow / Set	Das Maß, um das sich die Wurfarme dauerhaft verbiegen. Um es zu messen, legt man den abgespannten Bogen mit dem Rücken auf eine flache Oberfläche und misst die Distanz von Oberfläche zur Wurfarmspitze.
Tillern	Holz vom Bauch eines Bogens entfernen, damit er sich gleichmäßig biegt und dabei das gewünschte Zuggewicht behält.
Stave	Das aus dem Stamm gespaltene Stück Holz, das ein Bogen werden soll.
Tips	Die schmalen Wurfarmenden mit den Nocken.
Taper	Gleichmäßig verlaufende Reduzierung. Die kontinuierliche Verjüngung der Wurfarme in Breite und/oder Dicke.

Was ich vorher gerne gewusst hätte...

Die drei Grundregeln des Bogenbaus:

1. **Folge den Holzfasern auf dem Rücken des Bogen!**
2. **Entwerfe dein Bogendesign nach der Dichte der Holzart!**
3. **Tillere richtig!**

Wenn du diese drei simplen Regeln befolgst, wird dein Bogen gelingen.

Werkzeuge

Grundausrüstung:

Beil
Raspel
Taschenmesser
Rundfeile oder Kettensägenfeile
Tillerstock
Schleifpapier
(220, 320, 400, 600 Körnung)

Weitere nützliche Werkzeuge:

Schwanenhals-Ziehklinge oder
Schweifhobel
Feine Raspel Kabinett
Schleifklotz
Bandsäge
Kettensäge
Keile

Man kann schon mit einfachstem Werkzeug tolle Bogen bauen.

Einige weitere Werkzeuge beschleunigen den Bogenbauprozess.

Holz auswählen und zuschneiden

Wenn möglich, such dir eine heimische Holzart aus, vor allem wenn du noch Anfänger bist. Das hat den Vorteil, dass du leicht und günstig an Material kommst, was das experimentieren einfacher macht. Halte Ausschau nach Hartholz mit einer Dichte / spezifischem Gewicht von über 0,50 (g/cm³).
Für Anfänger ist es ratsam, es erst mal mit sog. „Weißholz" zu versuchen, das sind Reifholz- oder Splintholzbäume, also Holzarten, die hauptsächlich aus Splintholz bestehen, wie Esche, Birke, Kirsche, Ulme, Hickory, Hopfenbuche, Hainbuche, Ahorn, Eiche und andere. Unterarten dieser Hölzer findet man fast überall in Nord Amerika und Europa.

Links: Bei Weißholz wie Hickory wird die Außenseite des Staves direkt zum Bogenrücken.

Rechts: Bei Osage Orange muss man erst das hellere Splintholz entfernen.

Der wichtigste Grund, weshalb ich zu diesen Holzsorten rate, ist, dass sich das Holz direkt unter der Rinde für den Bogenrücken eignet. Bei Weißholz muss man nur die Rinde entfernen und schon liegt der Bogenrücken frei. Einfacher geht es wirklich nicht.
Bei anderen Harthölzern, also Kernholzarten wie Osage Orange, Maulbeerbaum, Robinie oder Walnuss muss man hingegen immer erst eine dünne Schicht Splintholz entfernen, die zwischen der Rinde und dem Kernholz liegt. Genau auf einem Jahresring das Holz zu entfernen, kann ziemlich schwierig werden und einiges an Nerven kosten. Natürlich haben Bogen aus diesen Hölzern auch viele Vorteile, aber das ist nichts für Anfänger.

Was ich vorher gerne gewusst hätte...

Anfänger sollten mit sog. Weißholz starten: also Esche, Birke, Kirsche, Ulme, Hickory, Hopfenbuche, Hainbuche, Ahorn, Eiche und ähnliche Holzarten, die überwiegend aus Splintholz bestehen.

Wenn du in deiner Gegend Weißhölzer gefunden hast, solltest du sie im Herbst oder Winter fällen, damit der äußerste Jahresring komplett ausgewachsen ist. Ob sich ein Baum für einen Bogen eignet, lässt sich auch leichter beurteilen, wenn er keine Blätter mehr trägt.
Suche dir einen Baum, der möglichst gerade gewachsen ist und einen Durchmesser von mindestens 10 Zoll (ca. 25 cm) und eine Stammlänge von 70–75 Zoll (ca. 178–190 cm) hat. Außerdem sollte er keine Krümmungen in der Rinde, keine Knoten und keine Äste haben.
Bei einem Baum mit großem Stammdurchmesser hat man eine flachere Wölbung auf dem Bogenrücken. Ein längerer Baum erlaubt mehr Spielraum beim Design des Bogens. Aus großen Bäumen lassen sich natürlich auch mehrere Staves machen.
Es lohnt sich, etwas wählerisch zu sein und einige Tage in die Suche nach dem perfekten Baum zu investieren. Der Aufwand lohnt sich doppelt und dreifach, wenn du beim Bau deines ersten Bogens nicht erst noch Fehler im Holz ausbessern musst.

Was ich vorher gerne gewusst hätte...

*Sei wählerisch bei der Holzauswahl.
Suche dir das beste Stück, und fälle nur dieses.*

Sobald der Baum gefällt wurde, solltest du sofort die Schnittstelle mit Leim oder Farbe versiegeln. Sonst verdunstet Feuchtigkeit und es bilden sich zentimeterlange Risse im Holz. Außerdem solltest du den Stamm sobald wie möglich in Staves spalten. Dafür setzt du das Beil an einem Ende an und drückst, bis sich ein Riss bildet. Dann treibst du einen Keil in den Riss und spaltest den Stamm. Das machst du solange, bis die Staves an der Außenseite etwa 2 Zoll (ca. 5cm) breit sind.
Im Anschluss entfernst du die Rinde, um das Austrocknen zu beschleunigen und dein Holz vor Insektenschäden zu schützen. In den meisten Fällen kannst du einfach ein Ziehmesser oder eine Messerklinge unter ein Ende schieben und dann die Rinde in einem Rutsch entfernen. Sollte dabei eine dünne Schicht Innenrinde (Kambium) zurückbleiben, ist das nicht schlimm.

Manchmal bleibt eine dünne Schicht Kambium übrig, die dem fertigen Bogen einen Camouflage-Look gibt.

Ein Wort zu Ulmen: Ulme ist ein exzellentes Bogenmaterial, aber wegen seines Wechseldrehwuchses lässt es sich relativ schwierig spalten. Die Staves müssen meistens auseinander gehackt werden.

Jahresringe
Holzfasern

Es ist wichtig, dass wir zwischen Jahresringen, Markstrahlen und Holzfasern unterscheiden. Die ***Jahresringe*** sind konzentrische Kreise, während die ***Markstrahlen*** in einem rechten Winkel vom Zentrum des Stammes nach außen verlaufen. Man kann sich den Jahresring als ein Rad vorstellen und die Markstrahlen als Speichen. Stämme und Staves reißen bevorzugt an den Markstrahlen ein und wir spalten sie dort entlang der ***Holzfasern***.

Wenn die Staves gespalten und entrindet sind, solltest du sie im Haus lagern, um sie vor holzfressenden Insekten zu schützen. Ich habe auch schon mit ansehen müssen, wie frisch geschnittene Staves bei Minustemperaturen in ungeheizten Hütten gelagert wurden, was dazu führte, dass die Feuchtigkeit im Holz gefror und die Staves Sprünge und Risse bekamen. Dadurch wurden sie leider komplett unbrauchbar für den Bogenbau.

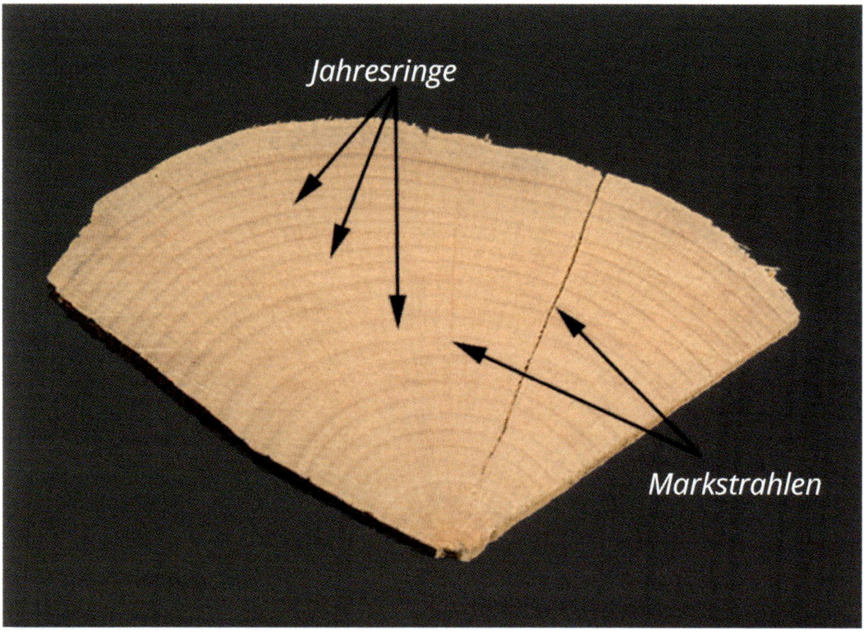

Du findest keinen passenden Baum, willst aber noch heute mit dem Bau deines Bogens anfangen? Dann kannst du auch Bauholz aus der Weißholzgruppe benutzen. Holz ist schließlich Holz.

Aber Vorsicht: Die Linien der Jahresringe auf der flachen Seite des Bretts (der zukünftige Bogenrücken) müssen unbedingt (müssen!) gerade von einer zur anderen Seite des Bretts durchgehen. Keine Schlangenlinien, Inseln, Flammen, kein seitliches Auslaufen oder andere Abweichungen, nur gerade Linien, nichts anderes! Wenn die Jahresringe gerade und gleichmäßig verlaufen, kann man einen Bogen daraus machen. Das bedeutet allerdings auch, dass die Suche nach einem geeigneten Holzbrett unter Umständen ähnlich lange dauern kann wie die nach dem richtigen Baum. Die Chancen, ein passendes zu erwischen, stehen eins zu hundert.

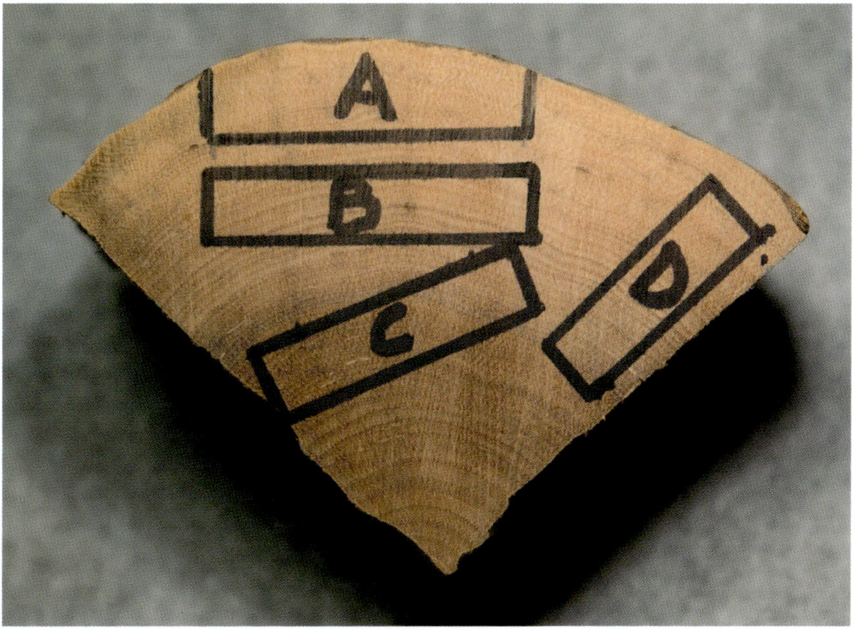

Ausrichtung der Jahresringe im Bogen: A) Konventioneller Stave, B) Brett mit liegenden Jahresringen (Fladerschnitt), C) diagonal laufende Jahresringe D) Brett mit stehenden Jahresringen (Spiegelschnitt)

Was ich vorher gerne gewusst hätte...

Bauholz als Bogenmaterial:
Die Jahresringe entlang der flachen Brettseite (dem zukünftigen Bogenrücken) müssen unbedingt gleichmäßig durchgehen!

☺ ***Ein brauchbares Brett.*** *Die (stehenden) Ringe verlaufen gerade und parallel zueinander, ohne Abweichungen.*

☹ ***Ein unbrauchbares Brett.*** *Wenn du daraus einen Bogen machst, fliegt er dir beim ersten Auszug um die Ohren.*

Regel Nr. 1

Folge den Holzfasern auf dem Bogenrücken !

Wenn die Rinde eines Weißholz-Staves entfernt wurde, sind die Holzfasern am äußeren Jahresring völlig intakt. Damit ist die erste Regel des Bogenbaus erfüllt. Wenn du hingegen bei Osage-Orange das Splintholz bis mindestens zum ersten Jahresring entfernst, musst du dabei auf jeden Knoten, die Wölbung oder andere Besonderheiten achten – eine Fleißarbeit, die du dir bei einem Weißholz-Stave sparen kannst.

Was ich vorher gerne gewusst hätte...

Wenn du Weißholz benutzt und deinen Bogen sorgfältig planst, bleiben die Holzfasern auf dem Bogenrücken intakt.

Holzfasern ist es egal, in welche Richtung sie gebogen werden. Mal bläst der Wind von Osten, mal von Süden und am nächsten Tag von Norden. Dein Bogen wird nicht brechen, solange die Holzfasern intakt sind. Deshalb kann er auch aus Bauholz gemacht sein, solange die Jahresringe wie oben beschrieben verlaufen und die Fasern intakt sind.
Solltest du allerdings die Holzfasern verletzen, indem du z.B. einen Ring durchtrennst oder nicht der Maserung folgst, dann bildet sich ein Schwachpunkt im Material, und dein Bogen fliegt dir um die Ohren – was dir nicht nur ein blaues Auge, sondern auch eine weitere Reise zum Baumarkt oder in den Wald bescheren wird.

Sobald du weißt, welche Seite des Staves dein Bogenrücken werden soll, musst du auch der längslaufenden Maserung folgen, damit die Fasern unbeschadet bleiben. Dafür hältst du den Stave der Länge nach gegen eine Lichtquelle und schaust mit einem Auge drauf. Jetzt solltest du die längslaufende Maserung, also die Holzfasern, besser erkennen können. Im Gegenlicht sieht sie aus wie kleine Kratzer auf der Holzoberfläche.

Mit einem Bleistift ziehst du jetzt eine dünne Linie von der Mitte eines Endes bis zur Mitte des anderen Endes durch. Dabei folgst du immer der Maserung, auch um Knoten herum, falls es welche gibt.
Diese Mittellinie wird parallel zur Spaltlinie verlaufen. Wenn dein Stave gerade ist, wird es die Mittellinie auch sein. Die Mittellinie des Staves wird auch die Mittellinie deines Bogens sein, wichtig für das weitere Design deines Bogens.

Ziehe eine Mittellinie über die Länge des Staves und folge dabei der Maserung.

Regel Nr. 2

Entwerfe dein Bogendesign nach der Dichte der Holzart!

Ganz generell gesprochen gilt: „Holz ist Holz". Der wichtigste Unterschied zwischen den Holzarten ist ihre Dichte. Bei leichten Hölzern sollte man eher auf breitere und/oder längere Designs zurückgreifen als bei dichteren, schwereren Hölzern. Der Grund dafür ist, dass ein breites Profil bei leichteren Bogen mehr Oberfläche bietet, um die Zug- und Druckbelastung zu verteilen.

Was ich vorher gerne gewusst hätte...

Die wichtigste Holzeigenschaft, auf die du beim Design deines Bogens achten musst, ist die Dichte des Holzes.

Jede Holzart hat ihre eigene Magie, und in den letzten Jahrtausenden haben Menschen schon hunderte Holzsorten erfolgreich zum Bogenbau verwendet. Du glaubst mir nicht?
Die Faustregel „Holz ist Holz" lässt sich schon damit beweisen, dass zwei aus ganz unterschiedlichen Hölzern korrekt gebaute Bogen derselben Länge so ziemlich die gleiche Masse haben werden. Und das, obwohl der Bogen aus leichtem Holz breitere und dünnere Wurfarme als der aus schwerem Holz haben wird. Denn in beiden Bogen steckt dieselbe Menge an Holz, und darum werden sie auch sehr ähnlich schießen.

Anders gesagt: Der einzige praktische Unterschied zwischen Hickory und Esche ist die zusätzliche Luft in der Esche, weshalb man mehr Material braucht, um auf dieselbe Masse Holz zu kommen.
Du musst also das spezifische Gewicht / die Dichte deines Materials kennen, damit du die Bogenform dem gewünschten Zuggewicht entsprechend anlegen kannst. Lies diesen Satz ruhig zweimal, denn das ist eine der wichtigsten Regeln des Bogenbaus, und ich wünschte, ich hätte sie gekannt, als ich anfing.

Was ich vorher gerne gewusst hätte...

Unterschiedliche Holzsorten bestimmen die Form, aber nicht die Leistung deines Bogens.

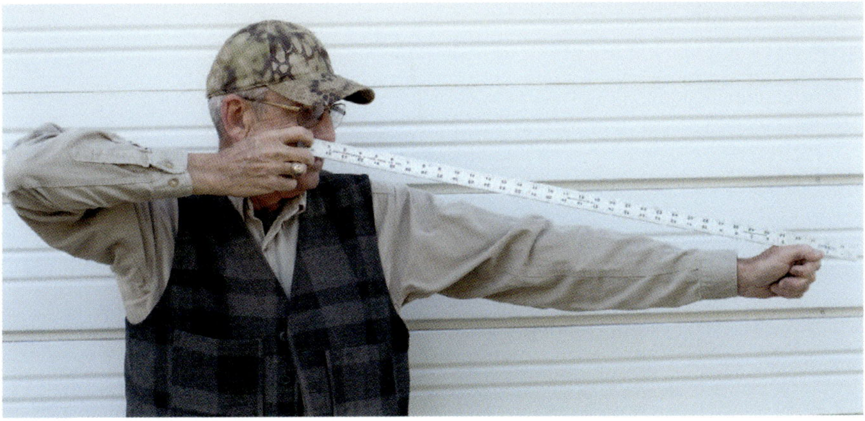

Messe deine Auszugslänge bis zum vorderen Ende deiner Bogenhand.

Nachdem du deine Auszugslänge bestimmt hast (siehe Foto), legst du dich auf deine Bogenform fest. Hier sind ein paar Beispiele:

Da gibt es einmal die klassische ***D-Form*** (die so heißt, weil der gespannte Bogen von der Seite wie ein D aussieht), bei der die breiteste Stelle der Griff ist. Für mich ist diese Form der Großvater aller Bogen, da sie sich am einfachsten bauen und tillern lässt.

Dann gibt es noch den ***Flatbow*** oder Flachbogen, ein Bogen mit schmalem Griff und flachen, aber breiten Wurfarmen, die zu den Tips hin wieder schmal zulaufen.
Bei gleicher Holzart, Zuggewicht und Auszugslänge muss ein D-Bogen immer länger als ein Flatbow sein. Denke daran: Wenn beide aus der gleichen Holzart wären, sollten die Wurfarme die gleich große Oberfläche und die gleiche Masse haben. Folglich muss der schmalere D-Bogen länger sein.

Der D-Bogen

Die folgenden Angaben sind für einen D-Bogen mit 28 Zoll (71,1 cm) Auszugslänge und 45 pound (20,4 kg) Zuggewicht. Wenn dein Auszug länger oder kürzer ist, muss die Bogenlänge proportional angepasst werden.
Alle D-Bogen beginnen mit der gleichen Dicke / Tiefe an Griff und Spitzen:

Griff **1 ¼ Zoll (3,2 cm)**
Tips **½ Zoll (1,3 cm)**

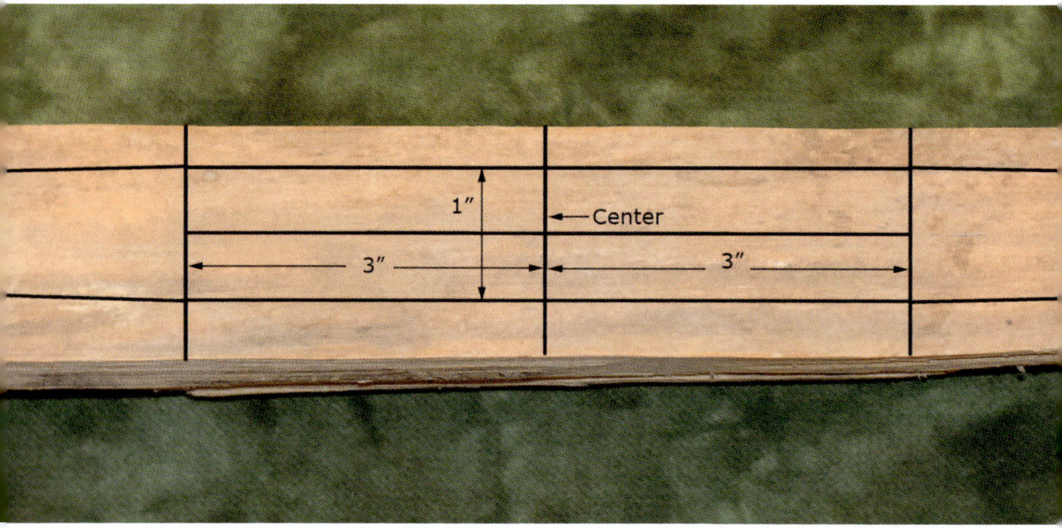

Maße im Griffbereich eines Langbogens (D-Bogen).

Für D-Bogen aus Hickory oder Eiche mit einem spezifischen Gewicht von 0,68 (g/m³) sollte das Rückenprofil folgende Maße haben:

Länge **70 Zoll (177,8 cm)**

Griffbreite **1 Zoll (2,54 cm)**

Grifflänge **jeweils 3 Zoll (7,6 cm) von der Mitte aus gemessen, also 6 Zoll (15,2 cm) insgesamt**

Tips Breite **½ Zoll (1,3 cm)**

Ist der Bogen aus einem Holz mit einem niedrigeren spezifischen Gewicht als Hickory (also weniger als 0,68), sollte er länger sein, ist das Gewicht höher, sollte der Bogen bei gleichbleibender Breite kürzer werden. Ein paar Beispiele:

Kirsche, Dickblättrige Ulme / Ulmus alata, Hopfenbuche (Dichte 0,65):
Erhöhe die Länge auf 71 Zoll (180,3 cm).

Esche, Birke, schwerer Ahorn (Dichte 0,60):
Erhöhe die Länge auf 74 Zoll (188 cm).

Zürgelbaum, leichte Ulmen, leichter Ahorn (Dichte 0,50):
Erhöhe die Länge auf 76 Zoll (193 cm).

Diese genannten Bogenlängen sollten erhöht werden, falls du ein Zuggewicht von mehr als 45 pound (20,4 kg) haben möchtest, oder gekürzt, falls der Bogen schwächer werden soll.

Der Flatbow (Flachbogen)

Die folgenden Angaben sind für einen Flatbow mit 28 Zoll (71,1 cm) Auszugslänge und 45 pound (20,4 kg) Zuggewicht. Wenn dein Auszug länger oder kürzer ist, muss die Bogenlänge proportional angepasst werden.

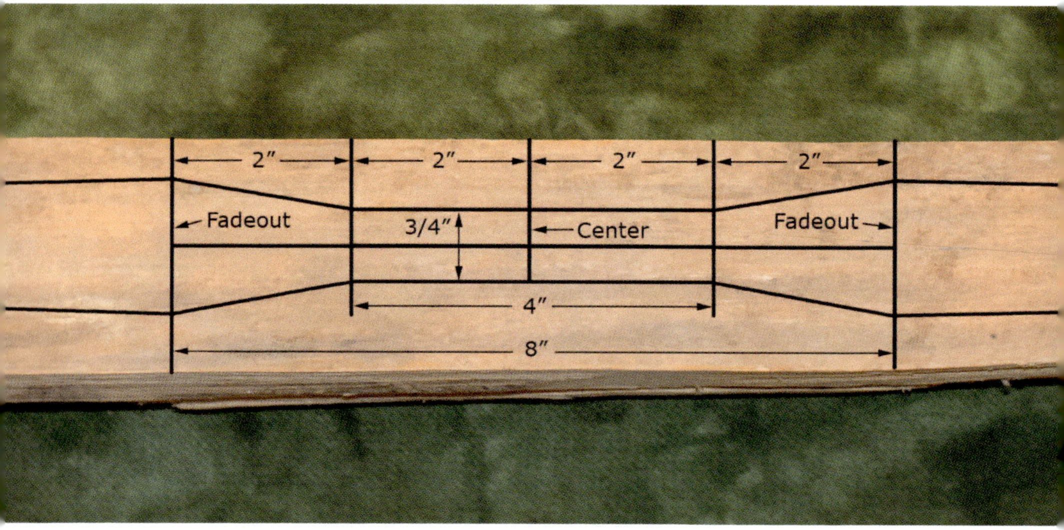

Flatbow Griffstück mit Fadeout Maßen.

Bei der Hälfte der Gesamtlänge befindet sich das Zentrum deines Bogens. Von hier aus misst du je 2 Zoll (5,1 cm) in beide Richtungen für den Griff und nochmal 2 Zoll für die Fadeouts, die Übergänge des Griffstücks zu den breiteren Wurfarmen. Von einem Fadeout-Ende zum anderen sollte es also insgesamt 8 Zoll (20,3 cm) sein.

Diese Maße sind für alle Holzsorten gleich:

Länge des Bogens		**67 Zoll (170,2 cm)**
Griffstück	Länge	**4 Zoll (10,2 cm)**
	Breite	**¾ Zoll (1,9 cm)**
	Dicke	**1 ¼ Zoll (3,2 cm)**
Fadeout	Länge	**je 2 Zoll (5,2 cm)**
	Dicke	**¾ Zoll (1,9 cm)**
Tips		**½ Zoll (1,3 cm) breit und dick.**

Hickory oder Eiche (Dichte 0,68):
Fadeout Breite 1 ½ Zoll (3,8 cm)

Kirsche, Dickblättrige Ulme oder Ulmus alata, Hopfenbuche (Dichte 0,65):
Fadeout Breite 1 5/8 Zoll (4,1 cm)

Esche, Birke, schwerer Ahorn (Dichte 0,60):
Fadeout Breite 1 ¾ Zoll (4,4 cm)

Zürgelbaum, leichte Ulmen, leichter Ahorn (Dichte 0,50):
Fadeout Breite 2 Zoll (5,1 cm)

Wir sehen also, dass sich das jeweilige Design sowohl beim D-Bogen als auch beim Flatbow an die Holzdichte, die erforderliche Auszugslänge und das gewünschte Zuggewicht anpassen muss. Die hier angegebenen Durchmesser sind übrigens nur Startpunkte – die endgültigen Maße ergeben sich beim Tillern, da hier die Charakteristiken des Staves und das gewünschte Zuggewicht eine große Rolle spielen.
Früher musste ein Bogen mindestens so lang wie sein Schütze sein, und auch heute macht es Sinn, im Zweifel einen etwas längeren Bogen zu bauen. Ein langer Bogen steht unter weniger Spannung und lässt sich einfacher präzise schießen.

Was ich vorher gerne gewusst hätte...

Ein langer Bogen steht unter weniger Spannung und lässt sich einfacher präzise schießen.

Mit ein bisschen mehr Erfahrung lassen sich auch Hybridformen dieser beiden Bogendesigns bauen, bei denen der Griff sich nur sanft zu den Fadeouts hin weitet und dann zu den Tips hin verjüngt.

Ein weiterer Tipp für Fortgeschrittene ist, die Tips so schmal wie möglich zu machen. Die Tips bewegen sich beim Schuss am meisten, wir sollten also dort Masse einsparen, wo deren negativer Effekt am größten ist.
Mit kleineren Tips fliegen Pfeile ein bisschen schneller und beim Abschuss wird der Handschock etwas reduziert.

Aber zurück zum Anfang: Nachdem du dich für eine Bogenform entschieden hast, ziehst du die Mittellinie auf deinem Stave. Danach zeichnest du die gewünschten Maße auf beiden Seiten der Mittellinie ein.
Mit einer Bandsäge bearbeitest du jetzt den Stave und orientierst dich dabei an den Profillinien. Wenn du ein Beil benutzt, solltest du dich bei einem D-Bogen immer von der Mitte nach außen zu den Tips hin vorarbeiten.
Bei einem Flatbow vom Fadeout hin zu den Tips. Das restliche Holz entfernst du mit einer Raspel, bis das Profil ausgearbeitet ist.

Somit haben wir nun auch die zweite Regel des Bogenbaus (Das Design deines Bogens muss zur Dichte der Holzart passen) befolgt. Zum fertigen Bogen fehlt uns nur noch ein Schritt: Richtig tillern. Aber vorher kümmern wir uns erst mal um die Sehne.

Links: Langbogen, mitte: Flatbow, rechts: Hybridform mit nur wenig breiteren Wurfarmen und schmalerem Griffstück.

Die Bogensehne

Eine Sehne aus Naturmaterialien ist schon etwas Besonderes. Und die Geschichte der Sehne reicht sogar noch weiter zurück als die des Bogens. Das Anfertigen von Schnüren und Seilen gehört, neben dem Feuermachen, zu den ältesten Fertigkeiten der Menschheit. Eine Schnur aus Flachs, Hanf, Tiersehne oder Darm gehört zu einem selbstgemachten Bogen einfach dazu. Eine Sehne aus Naturmaterialen selbst zu machen, ist ein lohnendes Ziel, aber gar nicht so einfach. Um diese Fertigkeit zu meistern, ist ähnlich viel Zeit und Geschick notwendig wie beim Bogenbau.
Wenn du also ganz neu in der Welt des traditionellen Bogenschießen bist, solltest du dich erst mal voll und ganz aufs Bogenbauen konzentrieren und einfach eine Spule Dacron B-50 kaufen. Lass dich nicht vom Traum einer natürlichen Sehne einwickeln, bevor du diesen Grundkurs gemeistert hast.

Was ich vorher gerne gewusst hätte...

Mach deine Sehne so lang, dass du sie zum Tillern nutzen kannst. Später kannst du sie immer noch kürzen und als Bogensehne verwenden.

Die Dacron-Sehne benutzen wir zuerst zum Tillern, dann kürzen wir sie und machen eine Bogensehne daraus. Die Sehne wird aus zwei siebensträngigen Stücken gemacht, die miteinander verdreht werden. Es gibt auch andere Wickelvarianten mit mehr oder weniger Fäden, aber fürs Erste konzentrieren wir uns auf diese.

Spule einen Strang ab, der etwa zwei Armlängen lang ist. Gebe dann noch etwa 60 cm hinzu und schneide ihn ab. Im Zweifel lässt du ihn lieber etwas länger als zu kurz. Das machst du jetzt noch sechs mal, bis du sieben Stränge hast.
Diese sieben Stränge werden in der Länge leicht zueinander versetzt zusammengefügt, dann halte sie alle an einem Ende fest und streiche sie glatt. Da das Sehnengarn B-50 leicht gewachst ist, sollten sie nun aneinander haften.

Wenn du sie alle gleichmäßig glattgestrichen hast, legst du dieses Bündel erst mal zur Seite und machst nochmal so ein Bündel aus sieben Strängen.

Staffelung der Enden der einzelnen Fäden.

Mit Daumen und Zeigefinger hältst du die beiden Bündel etwa 10 cm unterhalb der gestaffelten Enden fest (siehe Foto). Die Bündel werden nun erst einzelnen im Uhrzeigersinn verdreht und dann zusammen gegen den Uhrzeigersinn verdreht.

Mit der einen Hand hältst du die beiden Fadenbündel fest, mit der anderen verdrehst du sie.

Nimm dir jetzt das erste Bündel und verdrehe es mit der rechten Hand im Uhrzeigersinn. Dann legst du es entgegen dem Uhrzeigersinn über das andere Bündel. Greife dabei mit Daumen und Zeigefinger der linken Hand ein bisschen vor, damit sich die Wicklung nicht löst. Jetzt verdrehst du das zweite Bündel gegen den Uhrzeigersinn und legst es gegen den Uhrzeigersinn um das erste Bündel. Greife mit den Fingern der linken Hand jetzt ein bisschen weiter vor, um den neuen Wickel zu halten.
Mache so weiter, bis die Stränge auf etwa 5 cm Länge miteinander verflochten sind. Das wird die Schlaufe deiner Bogensehne werden. Sie muss groß genug sein, um bequem über einen Wurfarm zu passen, aber nicht so groß, dass sie bis zum Griff rutschen kann.
Die Größe der Schlaufe wird von Bogentyp zu Bogentyp variieren. Die perfekte Schlaufengröße zu finden kann für Anfänger ganz schön frustrierend sein.

Nun formst du die Schlaufe aus deinem bereits verdrehten Teil. Lege das erste kurze, ausfransende Ende über das eine lange Hauptbündel und das andere Ende über das andere lange Bündel.

Mit den linken Fingern hältst du dann wieder den Übergang fest und verdrehst die beiden Bündel wieder genau wie vorher. Wenn du weiter an deiner Sehne arbeitest, wird dir schnell klar werden, warum die Fadenenden gestaffelt werden sollten. Statt dass alle Schnüre plötzlich gemeinsam aufhören, lassen sie sich so gleichmäßig in die Hauptschnur einarbeiten.

Mache weiter mit dem Verflechten, bis du mit beiden Bündeln komplett durch bist. Setze ganz ans Ende einen Überhandknoten und schneide die Restfäden ab. Forme an diesem unteren Ende der Sehne eine lockere Schlaufe mit einem ***Zimmermannsknoten***:
Das Ende ein Mal um die Sehne herumführen und zwei bis drei Mal um sich selbst wickeln. Dieser Schlaufenknoten sitzt sicher, wenn du ihn zuziehst, lässt sich aber auch leicht lösen, wenn du die Länge deiner Bogensehne anpassen möchtest. Mit dem Zimmermannsknoten an einem Ende kannst du deine neue Sehne erst zum Tillern einsetzen, und dann gekürzt als Bogensehne benutzen.

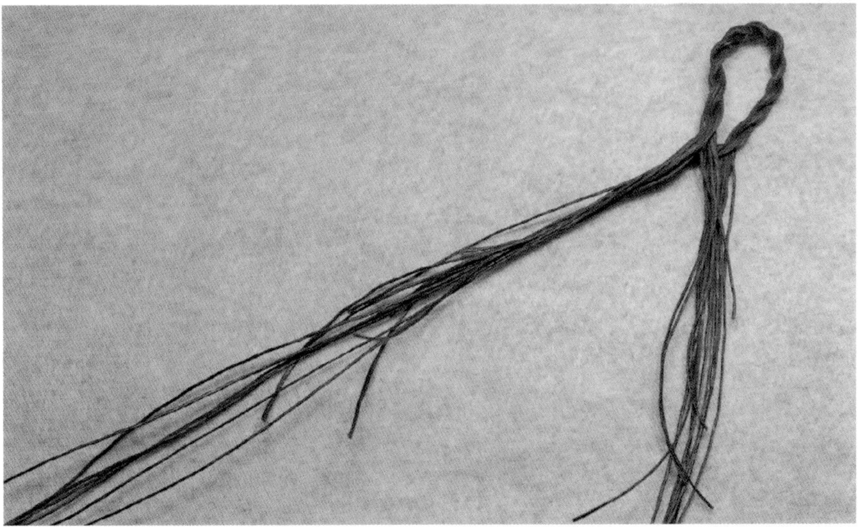

Die Schlaufe ist geformt, die kürzeren Bündel werden wieder Teil des Hauptbündels.

So sieht die fertige Schlaufe aus Die versetzten Fadenenden wurden wieder in die Hauptschnur eingearbeitet und formen so den sanften Übergang von der Schlaufe zur Bogensehne. Die letzten herausstehenden Einzelfäden kannst du einfach abschneiden.

Zimmermannsknoten: Ein sicherer Knoten für den unteren Wurfarm, der sich leicht in der Länge verstellen lässt.

Regel Nr. 3

Tillere richtig!

Beim Tillern fangen wir mit dem Bogenbauen eigentlich erst richtig an. Das ist der Moment an dem aus einem Zaunpfahl oder einem Ast, der mehr an einen Gehstock erinnert, ein sich biegender Bogen wird. Beim Biegen beginnt das Holz Energie zu speichern, es wird auf wundersame Weise verwandelt, und der Bogen wird endlich aus seinem hölzernen Gefängnis befreit.

Was ich vorher gerne gewusst hätte...

Der Taper an den Bogenseiten muss immer kontinuierlich verlaufen, er darf nicht mal stärker oder schwächer sein. Wenn die Dicke gleichmäßig abnimmt, wird sich der Bogen auch gleichmäßig biegen.

Die eine Sache, die ich gerne gewusst hätte, bevor ich mit dem Bogenbauen anfing, ist die eiserne Regel des Tillerns: Der Taper, der sich verjüngende Verlauf der Bogenseiten, darf keine Unregelmäßigkeiten haben, sondern muss absolut gleichmäßig sein. Wenn die Seiten gleichmäßig verlaufen, wird sich der Bogen gleichmäßig biegen. Dann wird auch die Last gleichmäßig über den ganzen Bogen verteilt, was ihn effizienter und stabiler macht.
Alle Angaben zur Dicke sind nur Startpunkte und festgelegten Endmaße. Der Grund dafür ist einfach: Ein Bogenbau-Anfänger hat noch kein Gefühl fürs Tillern, da können ein paar Millimeter mehr ein kleiner Sicherheitspuffer sein. Außerdem hängt die finale Dicke sehr vom spezifischen Holz und der Bogenform ab.

Was ich vorher gerne gewusst hätte...

*Frisch geschnittenes Weißholz kannst du direkt Bodentillern.
Nach 30 Tagen Schnelltrocknung kannst du den Bogen dann fertig bauen.*

Ein gleichmäßiger Taper in der Dicke ist das wichtigste Ziel beim Tillern. Schaue in einem flachen Winkel über den Bogen – so kannst du Unregelmäßigkeiten leichter erkennen.

Bodentillern

Stelle den Bogen mit der unteren Spitze auf den Boden (auf einen Stück Teppich oder deinen Stiefel), halte die obere Spitze fest und greife den Stave in der Mitte.

Lehne dich gegen den Stave und beobachte die Krümmung. Mache das mit beiden Wurfarmen. Dadurch bekommst du ein grobes Gefühl für das Zuggewicht. Natürlich wird der Stave zu diesem Zeitpunkt noch viel zu steif sein. Mit einer Raspel kannst du jetzt gleichmäßig Holz entfernen.

Wenn du einen D-Bogen baust, beginnst du an der Mitte und arbeitest zu den Spitzen hin.

Bei einem Flatbow solltest du das Holz nur von den Fadeouts zu den Spitzen hin entfernen. Achte unbedingt darauf, dass der Taper gleichmäßig vom dicksten zum dünnsten Teil verläuft.

Das Bodentillern, also dagegenlehnen und Holz entfernen, wiederholst du solange, bis sich die Wurfarme anfangen zu biegen. Wenn du frisch geschnittenes Weißholz benutzt, kannst du diesen Vorgang komplett abschließen und dann den Stave für 30 Tage flach an einem gut belüfteten Ort liegend trocknen lassen. Er wird so sehr viel schneller genau so trocken sein wie lange abgelagertes Holz. Wenn sich die Feuchtigkeit aus dem Holz verzogen hat, kannst du weiter tillern. (Anm. d. Hrsg.: Dein Holz ist „trocken", wenn es nicht mehr leichter wird. Wiege es einfach täglich auf deiner Küchenwaage und notiere dir das Gewicht.)

Nocken

Wenn sich die Wurfarme relativ gleichmäßig biegen, kannst du die Nockkerben in die Tips schneiden. Dafür benutzt du am besten eine Kettensägenfeile oder eine Rundfeile. Falls du einen Flatbow baust, solltest du jetzt auch das Griffstück auf die Breite bringen, die du vorher mit Bleistift eingezeichnet hattest.

Von links nach rechts: Konventionelle Nocke, Stift-Nocke, ein Bleistift als Maßstab und eine sehr schmale Spitze mit angewickelter Nocke. Die ersten beiden sind Standardnocken, die man bei den meisten Holzbogen finden wird. Die letzte Nocke sollte nur von fortgeschrittenen Bogenbauern benutzt werden.

Zuggewicht

Kommen wir nun zum Zuggewicht. Meiner Meinung nach sollte dein erster selbstgemachter Bogen leicht zu schießen sein und nicht mehr als 50 pound haben (40 – 45 pound sind sogar noch besser). Es ist unmöglich, ordentlich zu schießen, wenn man Mühe hat, den vollen Auszug zu erreichen.

Was ich vorher gerne gewusst hätte...

Du solltest deinen Bogen 50 mal schießen können, ohne müde zu werden. Wenn du deinen Bogen nicht verlässlich voll ausziehen kannst, wirst du mit dem Treffen Probleme haben.

Vergleichen wir einen schweren Bogen mit einem moderaten Bogen:
Ein 70 pound starker Bogen verschießt Pfeile mit einer Geschwindigkeit von 170 Fuß (etwa 52 Meter) pro Sekunde.
Ein 50 pound starker Bogen schießt mit etwa 150 Fuß (etwa 46 Meter) pro Sekunde. Der Siebzigpfünder lässt sich um 40% schwerer ziehen, ist aber nur um 13% schneller. Das lohnt sich kaum.

Im Endeffekt geht es beim Bogenschießen um's Treffen, egal ob bei der Jagd oder beim Scheibenschießen. Ein schwerer Bogen ist da wie ein Großkaliber-Gewehr: Es mag zwar einen Unterschied machen, aber der ist letztlich nachteilig, wenn es zu einem Fehlschuss führt. Art Young, einer der Namensgeber des Pope and Young Clubs, hatte mal gesagt, er könne den größten Bär in Alaska mit einem 50-pound-Bogen erlegen. Wir sollten uns daran halten und unseren Bogen nicht stärker bauen. Zumindest nicht am Anfang.

Tillern am Tillerstock

Hänge die Schlaufe deiner Bogensehne in die eine Nocke und befestige das andere Sehnenende an der anderen Nocke mit einem Zimmermannsknoten. Setze den Griff deines Bogens in die Aussparung deines Tillerstocks.
Ziehe an der Sehne, bis sich die Wurfarme biegen, und hake die Sehne hier in eine der Kerben ein.

Achte auf die Biegung der Wurfarme. Wenn ein Bereich zu steif bleibt oder sich nicht gleichmäßig biegt, markiere ihn der Länge nach auf der Bauchseite mit einem Bleistift. Biegt sich der Bogen an einer Stelle zu stark, zeichne hier mit dem Bleistift ein X ein und entferne an dieser Stelle kein Holz mehr.

Ein Bogen mit langer Sehne wird auf den Tillerstock gespannt. Der linke Wurfarm ist etwas steifer. Hier sollte solange Holz vom linken Wurfarm entfernt werden, bis sich beide Arme gleichmäßig biegen.

Das markierte Holz am Bauch kannst du jetzt mit einer Raspel entfernen. Achte darauf, den Wurfarm mit der Raspel ***der Länge nach*** zu bearbeiten und dabei lange, schwungvolle Bewegungen zu machen. Raspelst du zu quer zum Wurfarm, riskierst du Löcher und zu dünne Stellen.

Beim Tillern solltest du regelmäßig von der Spitze her über den Wurfarm schauen und dabei ein Auge schließen. Dadurch wirst du besser erkennen, welche Stellen zu dick oder zu dünn sind. Markiere die Wurfarme mit Bleistift und trage so viel Holz ab wie notwendig. Achte darauf, dass der Taper gleichmäßig verläuft und beide Seiten des Wurfarms gleich dick sind. Idealerweise sollte der Bogenbauch möglichst flach sein, da eine große Fläche besser der Kompression widersteht und Stringfollow minimiert werden kann.

Setze jetzt den Bogen wieder auf den Tillerstock und spanne die Sehne. Markiere alle Bereiche, die sich zu sehr oder noch nicht genug biegen.
Trage an den entsprechenden Stellen wieder Holz ab. Das Ziel ist, dass sich beide Arme gleichmäßig und gleich stark biegen.

Wenn du das geschafft hast, kannst du die Sehne auf deinen Bogen spannen. Zieh die Schlaufe über einen Wurfarm, bis sie etwa 3 Zoll (7,6 cm) unterhalb der Wurfarmspitze liegt, und binde den Zimmermannsknoten am anderen Wurfarm neu, sodass die Sehne nicht mehr locker durchhängt. Jetzt stellst du ein Bein zwischen Sehne und Bogen, legst den Griff hinter das Bein (wie auf dem Foto) und biegst den Bogen, bis du die Schlaufe in die Nockkerbe ziehen kannst. Ist der Bogen zu steif, um ihn zu bespannen, musst du noch ein bisschen Holz entfernen.

Stelle ein Bein zwischen Sehne und Bogen. Achte dabei darauf, dass das Griffstück auf Höhe deiner Hüfte liegt.

Es ist ganz normal, dass sich die Dacron-Sehne jetzt etwas dehnt, vielleicht sogar so sehr, dass der Bogen wieder ganz gerade ist. Wenn das passiert, kürzt du die Sehne einfach um 2 Zoll (ca. 5 cm). Bei gespanntem Bogen sollten zwischen Griff und Sehne ein paar Zoll Abstand sein.
Jetzt solltest du gut sehen können, wie sich die Wurfarme biegen. Biegt sich einer deutlich stärker als der andere, markiere ihn und raspele noch etwas Holz ab. Dafür musst du ihn nicht mal abspannen, aber pass auf, dass du die Sehne nicht beschädigst.
Sobald sich beide Wurfarme gleichmäßig biegen, kannst du den Bogen wieder auf den Tillerstock legen und die Sehne bis auf $^{1}/_{3}$ der Auszugslänge ausziehen. Falls der Bogen aber schon vorher das geplante Zuggewicht erreicht, ziehe nicht weiter, denn ein Bogen sollte niemals über das geplante Zuggewicht hinaus gezogen werden.
Es ist sinnvoll, Bogen und Tillerstock gegen die Wand zu lehnen und sich die Sache mit etwas Abstand anzuschauen. Dann drehst du den Bogen um und schaust dir auch die andere Seite ganz genau an. Es ist sehr wichtig, dass du den Tiller von beiden Seiten kontrollierst, da die natürlich gewachsene Kontur des Holzes manchmal Tillerfehler versteckt. Markiere wieder alle Stellen, die zu steif sind oder sich zu stark biegen und entferne wieder Holz.

Immer wenn du Holz entfernt hast, solltest du den gespannten Bogen 15 bis 20 Mal auf etwa halbe Auszugslänge ausziehen. Überschreite nicht das Endzuggewicht! Bei diesem Test wird das Holz belastet und du merkst sehr viel deutlicher, was das Holzentfernen wirklich gebracht hat. Wenn du das nicht jedes Mal machst, kann es schnell passieren, dass du in einen Nachbessern-Teufelskreis gerätst: Erst machst du einen Wurfarm schwächer, dann den anderen, dann wieder den einen, und plötzlich hat dein Bogen nur noch 30 pound Zuggewicht statt den angepeilten 45. Dies ist der Hauptgrund, warum Bogenbauanfänger bei Kindern so beliebt sind.

Was ich vorher gerne gewusst hätte...

Immer wenn du Holz entfernt hast, muss der Bogen belastet werden, denn erst dadurch wird der reale Tiller sichtbar.
Aber dabei NIEMALS das gewünschte Endzuggewicht überschreiten!

Der Flatbow wird auf den Tillerstock gelegt.

Der Flatbow wird auf ein Drittel der Auszugslänge gespannt. Der rechte Wurfarm ist ein bisschen zu steif und sollte angepasst werden. Also Hierzu muss Holz gleichmäßig über die ganze Länge entfernt werden.

Ein D-Langbogen, gespannt auf ein Drittel der Auszugslänge. Der rechte Arm ist von der Mitte zur Spitze hin zu steif. An dieser Stelle sollte gleichmäßig Holz entfernt werden.

Wenn sich beide Wurfarme dann endlich gleichmäßig biegen und der Taper bei beiden gleichmäßig verläuft, kann der Bogen gewogen werden. Früher hätten wir einen Bogen voll ausgezogen, das Zuggewicht gemessen und dann gemerkt: *„Nö, zu schwer, das sind ja 74 pound!"*. Dann hätten wir so viel Holz entfernt, bis der Bogen die gewünschten 45 pound hat. Das Problem bei dieser Methode ist, dass wir die Wurfarme mit 74 pound belasten, statt mit den gewünschten 45, was zu übermäßigem Stringfollow führt und den Bogen langsamer macht. Es ist auch schon passiert, dass ein nicht ganz perfektes Stück Holz bei diesem Test explodiert ist. Es hätte durchaus ein brauchbarer, dauerhafter 45-pound-Bogen werden können, aber schon bei der ersten Überlastung flog es einem um die Ohren.

Ich kenne ein paar professionelle Bogenbauer, die nach dem ersten gleichmäßigen Auszug einfach das Gewicht aufschreiben, egal ob es 40 oder 75 pound sind, und dann aufhören. Das kann man natürlich machen, aber es hilft uns nicht, wenn wir ein spezifisches Gewicht bauen wollen.

Tillern mit Zugwaage

Für unseren Fall gibt es eine viel bessere Methode, bei der das Holz minimal belastet wird und wir die Möglichkeit haben, unser Wunschgewicht zu erreichen. (Tim Baker nennt diese Methode, trotz meines Protests „Jim Hamm Tillering". Laut Tim ist es „die wichtigste Tiller-Technik, die in der gesamten zehntausendjährigen Geschichte des Bogenbaus erfunden wurde". Diese neue Methode entstand aus einer Diskussion heraus, besser gesagt aus einem Streit, den Tim und ich beim Schreiben der *Bibel d. traditionellen Bogenbaus* hatten. Ich habe diese Bezeichnung hier nur erwähnt, weil Tim darauf bestand. Und weil es eine der wenigen Streitigkeiten war, die ich gegen ihn gewonnen habe.)

Hierfür nimmst du einen Zollstock, der an einer Waage befestigt ist, ziehst den Bogen nur soweit, bis das Wunschgewicht erreicht ist, und notierst die Distanz. Da könnte z.B. 45 pound bei 18 Zoll (45,7 cm) rauskommen, für einen Bogen der 45 pound bei einem Auszug von 28 Zoll (71 cm) haben soll. Das zeigt uns, dass der Bogen noch deutlich zu stark ist und wir an beiden Wurfarmen noch Holz entfernen müssen, bis das Gewicht passt. Ein Ergebnis könnte auch 45 pound bei 24 Zoll (61 cm) sein, was bedeuten würde, dass wir schon sehr nah an unserem Wunschauszug dran sind und die grobe Raspel durch eine feinere oder durch eine Ziehklinge ersetzt werden sollte.

So misst du das Zuggewicht in Relation zum Auszug. Verschiedene Auszugslängen wurden auf dem Zollstock markiert.

Wenn du Bogen bis zum gewünschten Zuggewicht gezogen hast, notierst du den dafür benötigten Auszug.

Mit dieser Methode siehst du ganz präzise, wieviel Holz noch bis zu deinem Wunschgewicht/Wunschauszug abgetragen werden muss. Bitte lies diese Absätze mehrmals, denn sie sind der Schlüssel zum richtigen Tillern.
Und vergiss nicht, den Bogen jedes Mal zu belasten wenn du Holz entfernt hast, selbst wenn es nur ein paar Striche mit dem Ziehmesser waren. Die Wurfarme müssen ihre gleichmäßige Biegung und Dicke behalten.

Was ich vorher gerne gewusst hätte...

Wenn du das Verhältnis von Auszug zu Zuggewicht im Auge behältst, kannst du leicht abschätzen, wann dein Bogen fertig sein wird.
Je näher du dem finalen Zuggewicht kommst, desto feineres Werkzeug solltest du benutzen.

Endtiller

Zieh den Bogen weiter aus, bis du nur noch etwa zwei Zoll (5 cm) vom finalen Auszug entfernt bist. An diesem Punkt, kannst du den Bogen abspannen und mit einem Messer jegliche Raspelspuren und andere unsaubere Stellen entfernen. Die „Berge" der Raspelspuren tragen nichts zur Zugstärke des Bogens bei, man kann sie also bedenkenlos entfernen, aber beim Schaben wird dennoch auch überall etwas Material abgetragen, weswegen der Bogen dabei noch geringfügig Zuggewicht verliert. Deshalb beginnen wir mit dem Schaben auch schon zwei Zoll *vor* Erreichen der vollen Auszugslänge.

Korrekter Tiller eines Langbogens, halber Auszug...

...und voller Auszug

Korrekter Tiller eines Flatbows, halber Auszug...

... und voller Auszug

Halte beim ***Schaben*** die Klinge in einem rechten Winkel zur Oberfläche. Denke daran, wir wollen nur hauchdünne Späne vom Holz abkratzen, nicht schnitzen. Runde dabei alle Ecken ab, bis sie den Durchmesser einer Erbse haben.
Die Ecken des Griffstücks sollten noch stärker abgerundet werden, da der Griff so steif ist, dass er sich gar nicht biegen wird.
Falls deine Klinge rattert und Wellen im Holz hinterlässt, solltest du direkt den Winkel um 45 oder sogar 90 Grad ändern.

Nachdem du alle Spuren und Unsauberkeiten entfernt hast, kannst du den Bogen noch mal wiegen. Bei vollem Auszugsgewicht sollte er noch etwa ein Zoll (2,5 cm) von der vollen Auszugslänge entfernt sein. Falls der Abstand noch etwas größer ist, schmirgelst du Bauch und Seiten mit 120er Sandpapier auf einem Schleifklotz ab.
Du solltest den Bogen zwischendurch immer wieder wiegen. Nach einem letzten Durchlauf mit dem Sandpapier, sollte der Bogen dann genau auf deiner vollen Auszugslänge landen.
Beim Wiegen darfst du den Bogen nicht länger als ein bis zwei Sekunden voll ausziehen, gemäß des alten Bogenbauer-Sprichworts:
„Ein voll ausgezogener Bogen ist schon zu 9/10 gebrochen.“
Das gilt besonders für frisch gebaute Bogen.

Noch ein paar zusätzliche Gedanken, zuerst ein paar Tiller-Tricks: Wenn sich dein Bogen gleichmäßig ziehen lässt, er aber schwächer geworden ist, als du wolltest, dann kannst du einfach die Wurfarme um etwa einen Zoll kürzen und neue Nocken einschnitzen. Dadurch wird dein Bogen wieder um ein paar pound stärker.
Falls dein Bogen schon das perfekte Zuggewicht hat, aber ein Arm ein bisschen schwächer ausfällt (sich also mehr biegt als der andere), dann kürzt du nur den schwächeren Wurfarm um 1½ Zoll (3,8 cm) und schnitzt eine neue Nocke. Die Wurfarme sollten jetzt gleich stark sein. Allein für diese Tricks rentiert es sich schon für Bogenbau-Anfänger, eher etwas längere Bogen zu bauen.

Was ich vorher gerne gewusst hätte...

Wenn sich das Stringfollow auf moderate 1–2 Zoll beschränkt, weißt du, dass der Bogen ordentlich gebaut wurde.
Er hat so wenig Masse wie möglich, aber genug Oberfläche, um den Zug- und Druckkräften zu widerstehen.

Stringfollow

Kommen wir zum Stringfollow. Nachdem ein Bogen voll ausgezogen wurde, werden sich die Wurfarme nicht wieder komplett entkrümmen, sondern „der Sehne folgen". Stringfollow sollte idealerweise so gering wie möglich sein, weil es die Pfeilgeschwindigkeit beeinflusst.

Wenn wir davon ausgehen, dass der Bogen aus einem geraden Stave oder Brett ohne natürlichem Reflex oder Deflex gemacht wurde und das Stringfollow trotzdem mehr als 2 Zoll (5 cm) beträgt, bedeutet das, dass das Holz entweder nicht trocken genug war, oder der Bogen länger und/oder breiter hätte gebaut werden müssen.

Es kann aber auch umgekehrt sein, dass ein Bogen so gebaut wurde, dass es überhaupt kein Stringfollow gibt. In diesem Fall hat er zu viel Masse, was den leichten Geschwindigkeitsvorteil eines geringen Stringfollows wieder kaputt macht.

Wenn wir also von einem geraden Stave als Basis ausgehen, sollte das Stringfollow idealerweise 1 – 2 Zoll betragen. Das bedeutet, dein Bogen hat so wenig Masse wie möglich, aber genug Fläche, um Stauchungskräften und Zugspannungen zu widerstehen.

Jetzt da dein Bogen fertig ist, lass uns noch einmal die drei Grundregeln des Bogenbaus ansehen:

1. **Folge den Holzfasern auf dem Rücken des Bogen!**
2. **Entwerfe dein Bogendesign nach der Dichte der Holzart!**
3. **Tillere richtig!**

Wenn wir davon ausgehen, dass dein Holz in Ordnung war, aber dein Bogen trotzdem bricht, bedeutet das, dass du eine dieser Regeln verletzt hast.

Letzte Handgriffe

Dein Bogen ist soweit fertig. Endlich kannst du jetzt heldenhaft die Bestie erlegen. Oder die Zielscheiben. Aber wenn du vorher noch diese letzten Schritte befolgst, wird dein Bogen nicht nur schöner, sondern auch widerstandsfähiger.

Der erste Schritt ist ***Schmirgeln***. Bauch und Seiten deines Bogens solltest du erst mit 220er und dann mit 320er Sandpapier bearbeiten. Den Rücken lässt du besser aus. Wenn du dort Holz entfernst, wird dein Bogen nicht stärker, und außerdem brechen Bogen meistens an der Rückseite.
Als nächstes bearbeitest du Bauch, Rücken und Seiten mit 400er Sandpapier, dann mit 600er. Falls nach dem Schmirgeln noch dunklere Holzstellen am Bogenrücken sein sollten, ist das nicht schlimm - die sehen nicht nur hübsch aus, sondern fungieren auch als natürliche Camouflage.
Man könnte meinen, dass man beim Schmirgeln sämtliche Kratzer oder Raspelrückstände los wird, aber das klappt nur selten. Manchmal sieht man kleine Fehler danach sogar noch deutlicher. Falls du solche Stellen nach dem ersten Durchgang mit dem 220er Papier siehst, ist es besser, nochmal vorsichtig mit dem Schaber nachzubessern und danach weiter zu schmirgeln.

Nach diesem Schritt ist es von Vorteil, den Bogen mit einem glatten Knochen oder runden Werkzeuggriff zu ***polieren***. Sehr gut eignen sich kleine Glasgefäße wie Reagenzgläser. Die lange Seite eignet sich für flache Stellen und mit dem runden Ende kommt man gut in die verwinkelten Stellen des Bogens. Am besten polierst du deinen Bogen im direkten Sonnenlicht, da man bei diesen Lichtverhältnissen besser sieht, wo man überall schon war.
Beim Polieren solltest du nur mittelstarken Druck ausüben, besonders mit dem runden Ende, weil du sonst leicht das Holz eindrücken könntest. Bearbeite so den gesamten Bogen, mit besonderer Aufmerksamkeit den Rücken.
Dieser Vorgang bringt nicht nur die Schönheit des Holzes zur Geltung, sondern komprimiert auch die Oberfläche des Holzes und macht sie wasserresistenter. Meiner Meinung nach stärkt die Prozedur auch Rücken und Bauch deines Bogens und macht sie widerstandsfähiger gegen Kompression und Spannungskräfte. Im Ingenieursjargon würde man sagen, wir „verfestigen" die Oberfläche des Holzes.

Wenn du damit fertig bist, solltest du das Holz ***versiegeln***, um es noch besser gegen Wasser zu schützen. Das kannst du prinzipiell mit jedem Fett oder Öl machen, das du kräftig in das Holz einreibst, wobei die Reibung Bogen und Öl erhitzt und es dem Öl erlaubt, sich mit den Holzfasern zu verbinden.
Bevor du das nächste Mal bei schlechtem Wetter schießt, frische den Schutz mit einer neuen Schicht Öl auf. Das funktioniert sehr gut und ich habe schon unzählige Bogen mit so einem Finish gebaut. Du kannst natürlich auch jeden anderen erhältlichen Holzfinish dafür nehmen, aber ich würde von Lacken abraten, da sie zu stark reflektieren und von der natürlichen Schönheit des Holzes ablenken.
Ein Finish, das mit am besten einzieht, ist *Formbys Tungöl*. (Es ist kein reines Tungöl, sondern hat Hilfsstoffe, die das Trocknen beschleunigen.) Wenn du es mit einem alten Baumwolltuch aufträgst, fließt es in alle Öffnungen und füllt die Poren. Wenn es trocken ist, trägst du eine weitere Schicht auf. Nach etwa drei bis vier Schichten baut sich das Finish auf der Oberfläche auf und lässt alle Farben und Muster im Holz sehr schön glänzen. Du musst nur darauf achten, dass die letzte Schicht auch wirklich trocken ist, bevor du die nächste aufträgst.

Pfeilablage

Eine Pfeilablage ist nicht wirklich notwendig, schließlich sind hunderte Generationen unserer Vorfahren auch bestens damit ausgekommen, den Pfeil über den Handrücken zu schießen. Dann sollte man aber bei Befiederung und Federwicklung darauf achten, dass keine rauen oder scharfen Stellen deine Bogenhand passieren.
Pfeilablagen fördern die Gleichmäßigkeit, ein Vorteil bei der Präzision deines Schießens. Die Ablage selbst kann aus einem kleinen Holzkeil oder mehreren Schichten Leder gemacht werden. Beides kannst du mit Kontaktkleber an deinem Bogen befestigen. Danach klebst du noch ein kleines Stück Leder oder Fell an der Oberseite der Pfeilablage fest, um die Pfeilgeräusche beim Schießen zu dämpfen.

Angeklebte Pfeilablage aus ehemaligem Ledergurt. Langbogen links, Flatbow rechts.

Beachte die abgerundeten Kanten bei Griffstück und Wurfarmen.

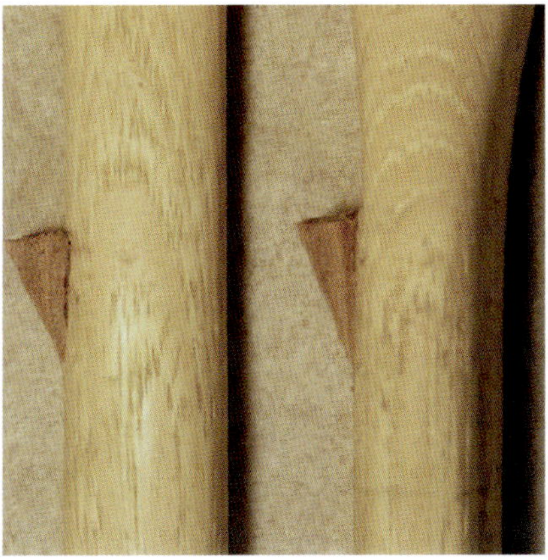

Abgeschrägte Pfeilablage aus Leder.

Nockpunkt

Lege einen Pfeil auf den aufgespannten Bogen und bewege die Nocke, bis der Pfeil in einem Winkel von 90° zum Bogen liegt. Jetzt markierst du die Sehne direkt über der Nocke. (Anm. d. Hrsg.: Besser ein paar mm höher!)
Wickle ein bisschen Sehne oder Schnur um diese Stelle, und sichere sie mit Klebstoff. Jetzt hast du einen Punkt fixiert, an dem du deine Pfeile einnockst.

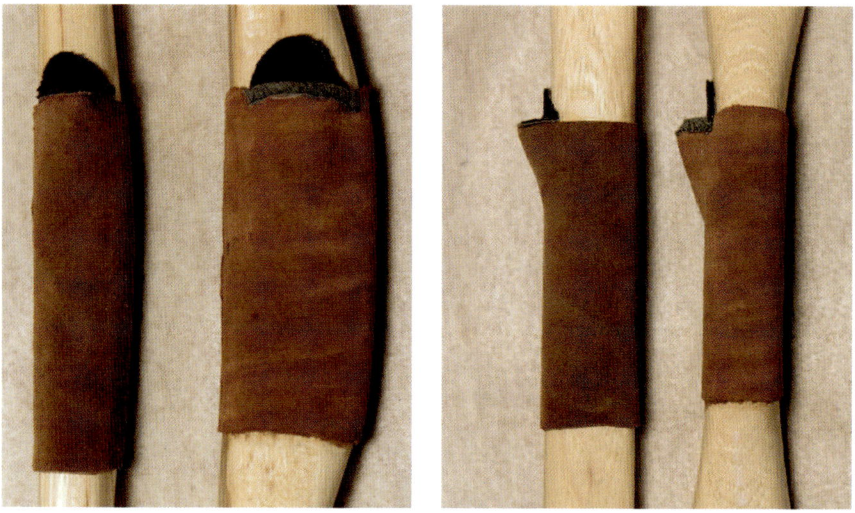

Angeklebter Wildledergriff mit Ablage. Ein kleines Stück Fell oder Leder kann an der Oberseite angebracht werden, um Geräusche beim Ablass zu dämpfen.

Griffwicklung

Nachdem Pfeilablage und Nockpunkt fertig sind, kümmern wir uns um die Griffwicklung. Man kann Lederstreifen herumwickeln, ein ganzes Stück Wildleder aufkleben, eine Schnurwicklung anbringen (sogar übriggebliebene Bogensehne), Tennisschläger-Griffband, eine dünne Korkschicht anbringen, und noch einiges mehr.

Selbstverständlich kannst du den Griff auch nackt lassen. Im Laufe der Geschichte haben schon Tausende guter Bogen ohne Griffbezug ihre Tauglichkeit bewiesen.

Von links nach rechts: Aufgeklebtes Wildleder, gewickelter Wildlederstreifen, aufgeklebter Biberschwanz. Griffstücke können natürlich auch nackt bleiben.

Der letzte Schritt der noch bleibt, ist deine *Signatur*, zusammen mit Datum, Zuggewicht und Auszugslänge.

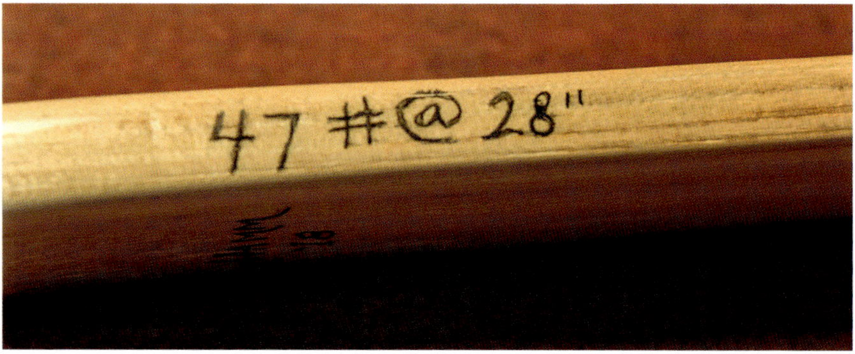

Schreibe das Zuggewicht und die Auszugslänge auf den Bogen.

Signatur und Datum nicht vergessen.

Falls du Jäger bist, wirst du vielleicht noch einen *Geräuschdämpfer* für deine Sehne bauen wollen. Damit lässt sich das Schnarren der Sehne beim Schuss deutlich dämpfen, was bei der Jagd auf besonders schreckhafte Tiere wie Weißwedelhirsche hilft, die sich im Sekundenbruchteil zwischen Pfeilablass und Treffer bewegen können.

Um einen Dämpfer zu bauen, bringst du schmale Fellstreifen etwa 15 cm unterhalb der Wurfarmspitzen an. Drehe dafür deine Sehnenenden wieder etwas auf, stecke den Fellstreifen zwischen zwei Sehnenbündel, wickle den Fellstreifen mehrmals um die Außenseite der Sehne und stecke das Endstück wieder zwischen die Mitte der Sehne. Hübsch und effektiv.

Geräuschdämpfer, etwa 15 cm unterhalb der beiden Sehnenenden.

Pfeile

Ohne jetzt zu tief ins Thema Pfeilherstellung abzuschweifen, hier ein paar Tipps zur richtigen Auswahl.
Der Schaft sollte 1–2 Zoll (2,5–5 cm) länger als deine maximale Auszugslänge sein. Manche Bogenschützen, mich eingeschlossen, kaufen sich ihre Pfeile mit der vollen Länge von 32 Zoll (81,3 cm), selbst wenn ihr Auszug deutlich kürzer ist. Die im Auszug vorne überstehende Pfeillänge hilft beim Zielen und beim Flug. Holzschäfte, die du kaufen kannst, werden üblicherweise nach ihrem Spinewert (also der Steifigkeit des Holzes) in 5 pound Schritten eingeordnet:
40 - 45 pound, 45 - 50 pound usw.

Der Spinewert deines Pfeils sollte so hoch wie oder niedriger als das Zuggewicht deines Bogens sein. Schießt du einen 45-pound-Bogen, brauchst du Pfeile mit einem Spinewert von 40 - 45 pound. Wenn ein Pfeil schlecht fliegt, liegt das meistens daran, dass der Schaft zu steif ist und sich deshalb nicht richtig um den Griff biegen und im Flug stabilisieren kann.

Was ich vorher gerne gewusst hätte...

Wenn Pfeile schlecht fliegen, ist meistens der Schaft zu steif.

Generell kann man sagen, dass Pfeile mit großen Federn gerader und problemloser fliegen, als Pfeile mit kleiner Befiederung. Mit ihrem größeren Luftwiderstand bremsen sie den Pfeil zwar stärker, aber bei Entfernungen unterhalb 20 Yards (18 Meter) fällt das kaum ins Gewicht.
Bei gekauften Pfeilen nehme ich 5½ Zoll (14 cm) lange Shield Cut Federn.
Diese langen Federn stabilisieren den Pfeil im Flug schneller und funktionieren sogar, wenn sie nass sind.

Was ich vorher gerne gewusst hätte...

Größere Federn stabilisieren den Pfeil schneller und lassen ihn besser fliegen.

Verschiedene Befiederungs-Typen. Von links nach rechts: 5 ½ Zoll Shield, 3 Zoll Parabol, 5 Zoll Parabol. Die Federn ganz rechts wurden mit Hautleim und Sehnenwicklung an einem Schaft aus Blumenhartriegel befestigt.

Jäger sollten auf möglichst schwere Pfeile zurückgreifen. Die Faustregel ist 10 grain Pfeilgewicht für jedes pound Bogengewicht, also 500-grain-Pfeile für einen 50-pound-Bogen. Ein schwerer Pfeil hat einen stärkeren Durchschlag weil er die Energie des Bogens besser nutzt. Ein weiterer positiver Nebeneffekt ist, dass beim Abschuss weniger Energie im Bogen zurückbleibt und er dadurch leiser ist.

Das Schießen

Der Schlüssel zum erfolgreichen Schießen ist eine konstante Haltung, oder anders gesagt: Immer auf die gleiche Art zu schießen!
Rechtshänder sollten den Bogen leicht nach rechts kippen, so dass dein Auge bei vollem Auszug direkt über den Pfeil schaut. Dadurch verringerst du das Risiko, den Bogen jedes Mal etwas zu weit links oder rechts zu halten.

Die Hand, die den Pfeil zieht, „ankert" am Gesicht. Eine verbreitete Anker-Methode ist, mit der Spitze des Mittelfingers den Mundwinkel zu berühren. Es ist nicht so wichtig, wo du ankerst. Es ist wichtig, das du es immer genau gleich machst.

Ankerpunkt. Eine Möglichkeit ist, die Spitze des Mittelfingers an den Mundwinkel zu legen.

Wenn du den Bogen leicht kippst, kannst du besser zielen und der Pfeil liegt sicherer auf.

Im Vollauszug solltest du ein, zwei Sekunden zögern, bevor du löst. Damit verhinderst du ein unkontrolliertes Durchreißen und sorgst dafür, dass du auch wirklich komplett ausziehst. Deshalb sollte der Bogen nicht zu stark sein. Es ist unmöglich, eine gute Schießhaltung zu entwickeln, wenn man den Bogen kaum ziehen kann. Vergiss nicht, dass Präzision und gute Schießtechnik wichtiger sind als Pfeilgeschwindigkeit.
Wenn du ausziehst, sollte die Rückenmuskulatur den Großteil der Arbeit übernehmen. Beim Lösen bewegst du die Zughand flüssig nach hinten, immer in einer Linie mit dem Pfeil.
Halte diese Position noch etwa zwei Sekunden, nachdem der Pfeil das Ziel getroffen hat.

Was ich vorher gerne gewusst hätte...

Wiederholgenauigkeit ist der Schlüssel zu Präzision.
Die wichtigsten Schritte sind:

Ankern.
Im vollem Auszug kurz verzögern.
Den Zugarm-Unterarm in Linie hinter dem Pfeil halten.
Beim Lösen geht die Zughand gerade nach hinten weg.
Nachhalten: Diese Haltung bewahren, bis der Pfeil das Ziel trifft.

Wenn du anfängst, mit traditionellen Bogen zu schießen und eine gute Schießtechnik zu entwickeln, solltest du den ersten Monat nur auf einen leeren Pfeilfang schießen, wenn du einen langfristigen Nutzen davon haben willst. Ohne Zielscheibe kannst du dich ausschließlich auf die richtige Haltung konzentrieren. Erst wenn Auszug, Anker, Lösen und Nachhalten ganz natürlich und selbstverständlich geworden sind, solltest du mit Zielscheiben anfangen.

Was ich vorher gerne gewusst hätte...

Den ersten Monat solltest du nur auf Pfeilfänge ohne Zielscheibe schießen.
Konzentriere dich auf deine Haltung und nicht aufs Zielen und Treffen.

Bei vollem Auszug ist der Bogenarm gerade und der Zugarm / Ellbogen in der Verlängerungslinie hinter dem Pfeil.

Du hast mehrere Bogen erfolgreich gebaut. Und nun?

Es gibt Leute, die bauen nur einen einzigen Bogen, weil sie mit einem Bogen schießen wollen, den sie selbst gemacht haben. Manche wollen vielleicht nur mal ins traditionelle Bogenschießen reinschnuppern und bauen dann ein, zwei Bogen. Andere wollen einfach nur einen Bogen für ihre Kinder bauen und haben dann genug. Das sind alles gute Gründe, um in die Welt der Holzbogen einzutauchen. Für viele wird allerdings der Weg das Ziel, das Bogenbauen wird Selbstzweck, und es wird ihnen wichtiger werden als Jagen oder Scheibenschießen.

In unserer modernen Welt wird vieles auf seine Effizienz und Zweckdienlichkeit reduziert. Da ist das Bauen von Holzbogen eine wohltuende Abwechslung, ja schon fast therapeutisch. Einen Stamm in einen Holzbogen zu verwandeln dauert eben so lange wie es dauert, und dafür brauchen und nehmen wir uns die Zeit, ohne Druck und ohne Deadline. Wie bereits erwähnt: Holzbogen sind wahre Zeitmaschinen. Nicht nur wegen des anachronistischen Endprodukts, sondern auch wegen der Geisteshaltung, die wir beim Bauen einnehmen.

Es ist ganz normal, dass ein Bogenbauer, der bereits mehrere Bogen gemacht hat, etwas experimentieren möchte. Hier sind ein paar Ideen, in welche Richtung es gehen könnte.

Baue Bogen aus Holzsorten, bei denen man erst das Splintholz entfernen muss, um ans harte Kernholz zu kommen: das knallgelbe Osage-Orange, die Robinie oder eine Schwarznuss. Bogen aus diesen Hölzern schießen zwar nicht zwangsweise besser, aber ihre Farben und Holzmaserung sehen absolut großartig aus.

Vielleicht interessierst du dich auch für einen speziellen Indianerstamm oder für Stämme einer bestimmten Region. Ein Bogen aus komplett natürlichen Materialen ist ein Ideal, dem viele nacheifern. Mit etwas Recherchearbeit lassen sich diese Bogen, Köcher, Natursehnen und Pfeilspitzen ziemlich authentisch nachbauen.

Lerne, mit problematischen Stellen im Holz, also mit Knoten, Rissen und Windungen umzugehen. Viele erfahrene Bogenbauer wählen deshalb ganz bewusst Hölzer mit „Charakter" aus. Für sie ist es eine Herausforderung, aus schwierig gewachsenen, knotigen Staves oder aus Ästen mit geringem Durchmesser einen Bogen zu bauen.

Eine weitere Option ist es, die Wurfarmspitzen (Tips) schmaler zu machen, was die Geschwindigkeit deiner Pfeile erhöht. Je schmaler, desto besser. Du kannst sogar mit richtig spitzen Tips und unkonventionellen Nocken experimentieren.

Es ist viel einfacher, brauchbares Bogenholz in nur 36 Zoll (91,4 cm) langen Stücken zu finden als in 72 Zoll Länge. Wenn man zwei davon im Griffbereich mit einer Fischschwanz-Verbindung zusammenklebt, hat man einen ganzen Stave. Aus solchen kurzen Stücken kann man außerdem sog. ***Take-Down-Bogen*** bauen. Dafür baut man eine Steckverbindung oder ein Scharnier in den Griff und kann den Bogen dann zusammen klappen oder auseinander nehmen, was extrem praktisch für den Transport ist.

Vielleicht interessierst du dich auch einfach fürs Schießen. Viele regionale und überregionale Vereine richten Turniere aus. Egal ob du im Wald auf 3D-Tiere schießt oder in der Halle auf Papierzielscheiben: Freundschaft und Wettstreit mit anderen traditionellen Schützen werden deine Bogenfertigkeiten schnell verbessern.

Für viele Schützen ist die Bogenjagd die ultimative Herausforderung. Ähnlich wie die Fliegenfischer, die ihre eigenen Köder bauen, hat der Jäger, der mit einer selbstgebauten Waffe seine Beute erlegt, gleich doppelt gewonnen.
(Anm. d. Hrsg.: Bogenjagd ist in Deutschland u. v. anderen europäischen Ländern nicht erlaubt).
Obwohl alle unsere entfernten Verwandten Bogen gebaut haben, ist der Weg jedes Bogenbauers einzigartig. Jeder von uns hat seine ganz eigenen Gründe, diese Waffen zu bauen und dabei zu experimentieren.

Nachwort

Ein junger Nachbar von mir, Jonathan Williams, fragte mich neulich, ob ich im helfen könne, einen Bogen zu bauen. Er hatte die letzten Jahre mit einem Compound-Bogen gejagt und damit einige Weißwedelhirsche und Maultierhirsche erlegt, aber jetzt suchte er nach einer neuen Herausforderung und wollte dabei auf moderne Technologie verzichten. Ich erklärte ihm den Prozess, den ich hier niedergeschrieben habe. An mehreren Abenden kam er nach der Arbeit vorbei und wir werkelten an seinem Ahorn-Bogen.
Jonathans fertiger D-Bogen war 74 Zoll (188 cm) lang und hatte ein Zuggewicht von 45 pound (20,4 kg) bei einem Auszug von 28 Zoll (71 cm). Er konnte ihn von Anfang an gut schießen. Dank seiner guten Haltung platzierte er seine Pfeile auf 15 Yards (13,7 m) in einem Kreis mit 6 Zoll (15,2 cm) Durchmesser. Für die Hirschjagd mehr als ausreichend.

Ich hatte gehofft, dass ihn seine Jagderfahrung gegen den Adrenalinschock wappnen würde, der durch einen fährt, wenn man so nah an seine Beute ran muss. Zu Beginn der Saison, ging er auf viele Jagdzüge, immer mit der Absicht, jeden Hirsch, egal ob Ricke oder Bock, zu erlegen. Doch obwohl er einige Male sehr nah an die Tiere kam, schoss er keinen einzigen Pfeil ab.
Eines Samstagmorgens zog eine Kaltfront auf. Am selben Abend, nach Einbruch der Dunkelheit, erreichte mich eine Anruf von Jonathan. Er berichtete, dass er auf einen Hirschbock geschossen hatte, sich aber nicht sicher war, ihn erlegt zu haben, und ob ich nicht mit meinem Jagdhund die Spur aufnehmen könne. Zufällig waren meine beiden erwachsenen Söhne Lee und Reed an diesem Wochenende bei mir, und so packten wir meinen Blue Lacy Hund (eine Rasse, die in unserer Gegend für ihren Spürsinn bekannt ist) ins Auto und fuhren drei Meilen bis zu Jonathans Haus.

Er begrüßte uns und wir folgten ihm durch mehrere Tore, bis wir an seinem Hochsitz ankamen. Er erklärte uns die Lage. Er hatte mehrere Hirsche gefunden, einschließlich eines ordentlichen Achtenders. Er hatte auf den perfekten Moment gewartet, und als dieser endlich kam, gelang es ihm, unbemerkt den Bogen auszuziehen und den Pfeil abzuschießen. Der Schuss hatte sich zwar gut angefühlt, aber er hatte weder gehört noch gesehen, ob der Pfeil auch wirklich getroffen hatte.

Ich pfiff nach meinem Hund, der noch im Truck saß, und er kam freudig heulend angerannt. Er wusste ganz genau, warum wir hier waren und was seine Rolle sein würde. Ich hakte eine lange Leine an sein Halsband und zeigte ihm die Stelle, an der Jonathans Hirschbock gewesen war. Er drehte ein paar Runden und rannte dann los, als wäre er auf Schienen, die Nase dabei stets am Boden. Wir joggten hinterher, die Taschenlampen in der Hand. Nachdem er uns durch Büsche und Kakteen geführt hatte, macht er plötzlich halt, bog scharf rechts ab und führte uns zum Hirsch.
Jonathan sprang nach vorne, kniete sich hin und berührte andächtig das Geweih. Er hatte die Größe des Bocks unterschätzt. Dieser hier war ein erwachsener Brocken, über den sich jeder Jäger gefreut hätte. Hände wurden geschüttelt und nach dem wir ihn ausgenommen hatten, bekam mein Hund eine ordentliche Portion rohe Leber als Belohnung.

Jonathans breites Grinsen sagt schon alles. Er hatte seinen eigenen Holzbogen gebaut und sich mit seinem ersten Pfeil in der Hitze des Gefechts als richtiger Jäger bewährt. Dadurch wurde er Teil eines außergewöhnlichen Bundes von Waffenbauern und Jäger, deren Geschichte älter als das geschriebene Wort ist. Seine Vorfahren wären stolz auf ihn.

Das Wichtigste in Kürze.

Die drei Grundpfeiler des Bogenbaus:

1. **Folge den Holzfasern auf dem Bogenrücken !**
2. **Entwerfe dein Bogendesign nach der Dichte der Holzart !**
3. **Tillere richtig !**

Holz auswählen und zuschneiden

Anfänger sollten mit sog. Weißholz starten, also Esche, Birke, Kirsche, Ulme, Hickory, Hopfenbuche, Hainbuche, Ahorn, Eiche und ähnliche Holzarten, die überwiegend aus Splintholz bestehen.
Sei wählerisch bei der Holzauswahl. Suche dir das beste Stück, und fälle nur dieses.
Frisch geschnittenes Weißholz kannst du direkt Bodentillern. Nach 30 Tagen Schnelltrocknung kannst du den Bogen dann fertig bauen.

Folge den Holzfasern auf dem Bogenrücken!

Wenn du Weißholz benutzt und deinen Bogen sorgfältig planst, bleiben die Holzfasern auf dem Bogenrücken intakt.
Bauholz als Bogenmaterial: Die Jahresringe entlang der flachen Brettseite (dem zukünftigen Bogenrücken) müssen unbedingt gleichmäßig durchgehen!

Das Design deines Bogens muss zur Dichte der Holzart passen.

Die wichtigste Holzeigenschaft, auf die du beim Design deines Bogens achten musst, ist die Dichte des Holzes. Unterschiedliche Holzsorten bestimmen die Form, aber nicht die Leistung deines Bogens.
Ein langer Bogen steht unter weniger Spannung und lässt sich einfacher zielgenau schießen.
Wenn sich das Stringfollow auf moderate 1–2 Zoll beschränkt, weißt du, dass der Bogen ordentlich gebaut wurde. Er hat so wenig Masse wie möglich, aber genug Oberfläche, um den Zug- und Druckkräften zu widerstehen.

Die Bogensehne

Mit dem Zimmermannsknoten an einem Ende kannst du deine neue Sehne erst zum Tillern und dann (gekürzt) als Bogensehne benutzen.

Richtig tillern

Der Taper an den Bogenseiten muss immer kontinuierlich verlaufen, er darf nicht mal stärker oder schwächer sein. Wenn die Dicke gleichmäßig abnimmt, wird sich der Bogen auch gleichmäßig biegen.
Immer wenn du Holz entfernt hast, muss der Bogen belastet werden, denn erst dadurch wird der reale Tiller sichtbar. Aber dabei NIEMALS das gewünschte Endzuggewicht überschreiten!
Wenn du das Verhältnis von Auszug zu Zuggewicht im Auge behältst, kannst du leicht abschätzen, wann dein Bogen fertig sein wird. Je näher du dem finalen Zuggewicht kommst, desto feineres Werkzeug solltest du benutzen.

Pfeile

Wenn Pfeile schlecht fliegen, liegt das meistens daran, dass der Schaft zu steif ist. Etwas größere Federn stabilisieren den Pfeil schneller und lassen ihn besser fliegen.

Das Schießen

Du solltest deinen Bogen 50 mal schießen können ohne müde zu werden. Wenn du deinen Bogen nicht verlässlich voll ausziehen kannst, wirst du mit dem Treffen Probleme haben.
Wiederholgenauigkeit ist der Schlüssel zu Präzision.

Die wichtigsten Schritte sind:
- **Ankern.**
- **Im vollem Auszug kurz verzögern.**
- **Den Zugarm-Unterarm in Linie hinter dem Pfeil halten.**
- **Beim Lösen geht die Zughand nach hinten weg.**
- **Nachhalten: Diese Haltung bewahren, bis der Pfeil das Ziel trifft.**

Den ersten Monat solltest du nur auf Pfeilfänge ohne Zielscheibe schießen. Konzentriere dich auf deine Haltung und nicht aufs Zielen und Treffen.

Einen sicheren Ort für das Bogenschießen (und lernen) bietet dir ein Verein.
Einen Verein in der Nähe kannst du nach PLZ-Bereich hier suchen:

www.bogenschiessen.de/vereine

Anhang

Spezifisches Gewicht weitverbreiteter Holzsorten

Ahorn	0,47 bis 0,60	
Birke	0,55 bis 0,65	je nach Spezies
Eibe	0,65	
Eiche (Virginia-Eiche ist die Ausnahme bei 0,85.)	0,65 bis 0,70	je nach Spezies
Esche	0,55 bis 0,60	je nach Spezies
Hickory (Pecannussbaum 0,66)	0,65 bis 0,72	
Hopfenbuche	0,65	
Kirsche	0,65	
Maulbeere	0,66	
Osage Orange	0,80+	
Robinie	0,69	
Ulme (Dickblättrige Ulme und Ulmus alata sind die dichtesten)	0,50 bis 0,65	je nach Spezies
Walnuss	0,55	
Zürgelbaum	0,53	

SCHIESSEN LERNEN UND VERBESSERN

BOGENSCHIESSEN - Einfach anfangen !

Traditionelles Bogenschießen, mit einfacher Ausrüstung ohne kompliziertes Zubehör, ist ein wunderbarer Freizeit- und Familiensport. Dieses Buch bietet Neugierigen erste Orientierung und Anfängern praktische Hilfestellung bei den ersten Schritten.

-> Mein erster Bogen
-> Welche Pfeile nehme ich?
-> Wieviel Ausrüstung brauche ich?
-> Das Aufspannen des Bogens
-> Zielen und Schießen
-> Sinnvoll üben
-> Gesundheit und Sicherheit

144 Seiten, DinA5 | ISBN 9783938921906
Bestellnr.: 067 **24,90 €**

DAS KLEINE BUCH VOM BOGENSPORT

Enthält alles zum SCHIESSEN-LERNEN:

- Die wichtigsten Phasen des Schussaublaufs
- Übungen zum Festigen und Verbessern
- Verhalten auf dem 3D Parcours
- Bogenarten, Materialkunde
- „Erste-Hilfe-Maßnahmen“: Was tun, wenn...?

Und für Fortgeschrittene bietet es ein detailliertes **Update zum BESSER-WERDEN.**

Über 300 Fotos, 192 Seiten in Farbe
Din A5, Softcover | ISBN 978-3-938921-79-1

Bestellnr.: 060 **28 €**

AUCH ALS E-BOOK 19,99 €